FORSCHUNGSBERICHTE
des Landes Nordrhein-Westfalen

*Herausgegeben
vom Minister für Wissenschaft und Forschung*

Die ,,Forschungsberichte des Landes Nordrhein-Westfalen" sind in
zwölf Fachgruppen gegliedert:

Geisteswissenschaften

Wirtschafts- und Sozialwissenschaften

Mathematik / Informatik

Physik / Chemie / Biologie

Medizin

Umwelt / Verkehr

Bau / Steine / Erden

Bergbau / Energie

Elektrotechnik / Optik

Maschinenbau / Verfahrenstechnik

Hüttenwesen / Werkstoffkunde

Textilforschung

SPRINGER FACHMEDIEN WIESBADEN GMBH

FORSCHUNGSBERICHT DES LANDES NORDRHEIN-WESTFALEN

Nr. 3007 / Fachgruppe Medizin

Herausgegeben vom Minister für Wissenschaft und Forschung

Priv.-Doz. Dr. Arno Ekkehart Lison
Ludger Frommeyer
Claus Spieker
Medizinische Poliklinik
der Universität Münster
Direktor: Prof. Dr. med. Heinz Losse

Dr. med. Alfred Reisch
Maria-Christina Kösters
Institut für Medizinische Informatik
und Biomathematik
der Universität Münster

Epidemiologische Untersuchung über
die Häufigkeit der bakteriellen Niereninfektion
in der Bevölkerung

Springer Fachmedien Wiesbaden GmbH

CIP-Kurztitelaufnahme der Deutschen Bibliothek

Epidemiologische Untersuchung über die Häufig-
keit der bakteriellen Niereninfektion in der
Bevölkerung / Arno Ekkehart Lison ... -
Opladen : Westdeutscher Verlag, 1981.

  (Forschungsberichte des Landes Nordrhein-
  Westfalen ; Nr. 3007 : Fachgruppe Medizin)
ISBN 978-3-531-03007-4   ISBN 978-3-322-87539-6 (eBook)
DOI 10.1007/978-3-322-87539-6
NE: Lison, Arno-Ekkehart [Mitverf.]; Nord-
rhein-Westfalen: Forschungsberichte des
Landes ...

© 1981 by Springer Fachmedien Wiesbaden
Ursprünglich erschienen bei Westdeutscher Verlag GmbH, Opladen 1981
Gesamtherstellung: Westdeutscher Verlag

ISBN 978-3-531-03007-4

Inhalt

EINLEITUNG	4
METHODIK	5
ERGEBNISSE	7
DISKUSSION	15
Zusammenfassung	25
TABELLEN	27
LITERATURVERZEICHNIS	45

EINLEITUNG

Die tatsächliche Häufigkeit von Nierenkrankheiten, insbesondere die Häufigkeit von bakteriellen Nierenentzündungen in der Durchschnittsbevölkerung ist weitgehend unbekannt. Es sind wiederholt Studien unternommen worden, um diese gesundheitspolitisch wichtige Frage beantworten zu können (Freedmann, Winberg, Fuchs, Asscher, Stamey). Alle genannten Studien sind unter anderem aber deswegen miteinander nicht vergleichbar, da jeweils unterschiedliche laboratoriumstechnische Techniken eingesetzt wurden und da abgesehen von einzelnen Studien (Fuchs, Zumkley) keineswegs repräsentative Bevölkerungsgruppen untersucht worden sind. So stützen sich z.B. die Studien, die durchaus repräsentative Bevölkerungsgruppen analysiert haben, bedauerlicherweise überwiegend auf die Analyse von Teststreifenuntersuchungen im Urin, mit denen bakterielles Wachstum in spontan gelassenen Harnproben nachgewiesen werden sollte (Fuchs, Zumkley). Da man aber weiß, daß solche Teststreifenanalysen nur bei der Untersuchung von drei aufeinander folgenden Harnportionen imstande sind, 80 Prozent aller tatsächlichen bakteriellen Besiedelungen der Harnwege zu erfassen, kommt den solchermaßen erhaltenen Untersuchungsergebnissen keineswegs die gewünschte Aussagekraft zu.

In der vorliegenden Untersuchung wurde daher versucht, das in der modernen Nephrologie etablierte diagnostische Instrumentarium mit dem Ziel einzusetzen, zuverlässige epidemiologische Daten zu erhalten.
Außerdem wurde im Rahmen der Studie versucht, mit Hilfe eines Anamnese-Fragebogens eine Aussage über Kausalzusammenhänge anamnestischer Daten und laboratoriumstechnischer Befunde zu erzielen.

M E T H O D I K

Im Einzugsgebiet der Stadt Münster wurde bei sechs
Großbetrieben im Laufe der Vormittagsstunden den
Betriebsangehörigen eine Vorsorgeuntersuchung, durchgeführt an einer spontan gelassenen Harnportion ange-
boten. Gemeinsam mit einem Urinauffangbehälter wurde
den Probanden ein Fragebogen ausgehändigt.
Fragebogen und Sammelgefäß wurden mit der gleichen
fortlaufenden Nummer zur späteren Identifizierung
gekennzeichnet.

In den Toiletten der Betriebe wurden Plakate aufgehängt,
auf denen eine Anweisung gegeben war, wie die Harnportion zu gewinnen war.

Die Anleitung lautete für Frauen, die Harnportion in
Hockstellung mit dem weithalsigen Einmalgefäß nach
vorherigem Spreizen der großen Schamlippen in Form
einer Mittelstrahlurinportion aufzufangen.

Die Männer wurden aufgefordert, vor Beginn der Harn-
entleerung die Vorhaut über die Glans penis zurückzu-
ziehen.

Unmittelbar nach der Harnprobengewinnung wurde mit
sterilen Einmalspritzen 2 ml Harn aspiriert und gleich-
mäßig auf die beiden Nährboden des Eintauchnähr-
bodens Uricult verteilt. Daran anschließend wurde die
Urinportion mit dem Teststreifen Combur-6-Test (Boehringer-
Mannheim) untersucht, der eine Aussage über den pH-Wert,
über eine Proteinurie, Glucosurie und Erythrocyturie
gestattet. Anschließend wurde das Urinsammelgefäß ver-
schlossen, nachdem einige Tropfen 20%iges Natriumacid
zur Verhinderung weiteren bakteriellen Wachstums zu-
gesetzt worden waren, und in das wissenschaftliche
Laboratorium transportiert.
Hier wurde ein Teil der Harnprobe mit Hilfe des
Digitalosmometers der Firma Knauer, das die Osmo-

larität über eine Bestimmung der Gefrierpunktserniedrigung mißt, bestimmt. Die restliche Harnportion wurde nach 5-minütigem Zentrifugieren bei 5.000 R/p.m. mit Hilfe der Amicon B15- Filter im Mittel 50-fach konzentriert. Die Konzentrate wurden in 2 ml-fassenden Eppendorf-Einmalhütchen bis zur weiteren Aufarbeitung bei minus 20 Grad C eingefroren.
Die Analyse der Urinproteine bezogen auf das Molekulargewicht wurde nach dem von Boesken 1973 angegebenen Verfahren in einer selbst entwickelten Modifikation (Lison, Davies 1976) durchgeführt. Mit Hilfe dieser Technik gelingt es in einem Arbeitsgang bis zu 28 Harnproben zu analysieren.

Die Ergebnisse der molekulargewichtsbezogenen Proteinanalyse im Urin (Disc-Elektrophorese, PAGE) wurden wie folgt bewertet:
Glomeruläre Läsion
Tubulus-Läsion
Kombination aus glomerulärer Läsion und Tubulus-Läsion
Postrenale Entzündung
Postglomeruläre Entzündung
Überlaufproteinurie
Nicht ablesbar
Normales Proteinmuster

Alle Untersuchungsergebnisse wurden mit Hilfe eines EDV-gerechten Dokumentationsbogens erfaßt und konnten dann Dank der ausgezeichneten Zusammenarbeit mit Herrn Dr. A. Reisch und Frau M. Kösters ausgewertet werden.

Nach Abschluß aller laboratoriumstechnischer Untersuchungen wurden die Kennummern der als pathologisch bewerteten Harnproben am "Schwarzen Brett" der Betriebe mit der Bitte bekannt gegeben, sich entweder beim Hausarzt oder in der Nephrologischen Ambulanz der Medizinischen Poliklinik zu einer ausgiebigen internistischen Untersuchung vorzustellen.

ERGEBNISSE

An der Studie nahmen insgesamt 1054 Probanden teil
(Tab. 1), 537 (50,9%) Männer und 515 (48,9%)
Frauen. Von 2 Probanden war dem Anamnesebogen
keine Angabe über das Geschlecht zu entnehmen.

Von den teilnehmenden Probanden wohnten 775 (73,5%)
in der Stadt. 276 (26,2%) gaben an, auf dem Land zu
wohnen. 3 Probanden (0,3%) machten keine Angabe
über ihren Wohnort (Tab.2).

Tabelle 3 gibt die Altersverteilung der Probanden
wieder. Dementsprechend wurde vorwiegend eine Bevölkerungsgruppe zwischen 20 und 60 Jahren mit ziemlich
gleichmäßiger Verteilung in den einzelnen Jahrzehnten
erfaßt. 4,9 Prozent der Probanden waren jünger als
20 Jahre und 2,7 Prozent 60 Jahre und älter. Von 6 (0,6%)
der Probanden wurde keine Angabe zum Alter gemacht.

Tabelle 4 gibt die Auswertung der Anamnesebögen wieder.
Demnach haben 84 Probanden (8%) angegeben, unter Ausfluß
zu leiden. In allen Fällen handelte es sich um Frauen.
Männer machten keine Angaben über Ausfluß.

242 mal wurden anamnestisch Hinweise auf Schmerzen beim
Harnlassen (Dysurie) angegeben (23%)(Tab. 4). 219 Untersuchte (20,8%) gaben an, früher und 16 (1,5%) gaben an zur
Zeit wegen einer Nierenkrankheit behandelt zu werden.

242 Probanden gaben an, unter dysurischen Beschwerden
gelitten zu haben (Tab.5). 11 mal wurden keine Angaben
gemacht. Von den 242 Probanden waren 144 Frauen (13,8%)
und 98 Männer (9,4%).

94 Probanden gaben an, regelmäßig Schmerzmittel einzunehmen (Tab.6). 22 Probanden machten keine Angaben.
Insgesamt gaben also 9,1% der Probanden, die eine Antwort
auf die entsprechende Frage angekreuzt haben, an, regel-

mäßig Analgetika einzunehmen. Von diesen waren 27,7 %
Männer (n=26) und 72,3% Frauen (n=68).

Tabelle 7 gibt die Altersverteilung der Probanden mit
Analgetikaabusus in der Anamnese wieder. Dabei wird eine
altersbezogene Häufigkeitszunahme deutlich. Während
in der Altersgruppe unter 40 Jahren im Mittel 7,69%
der in der Studie erfaßten Probanden angaben, regelmäßig Analgetika einzunehmen, machten in der Altersgruppe von 40 bis 70 Jahren im Mittel 12 % der Probanden diese Angabe. Dabei ist die Häufigkeitszunahme
der Angaben über Analgetikaabusus innerhalb
der einzelnen Altersgruppen besonders deutlich.

Insgesamt 131 mal wurde angegeben, daß eine arterielle
Hypertonie bekannt sei (Tab. 8). 30 Probanden machten
keine Angaben, sodaß insgesamt 12,8% des untersuchten
Personenkreises in ihrer Vorgeschichte angaben, bluthochdruckkrank zu sein.

Wie in der Tabelle 8 dargestellt, gaben 78 Männer
(14,85%) und 54 Frauen (10,73%) an, über eine
arterielle Hypertonie informiert zu sein.

Bezogen auf die Altersverteilung der anamnestischen
Angaben über arterielle Hypertonie ergibt sich eine
deutliche Zunahme der anamnestischen Angabe bezogen
auf die jeweilige Altersgruppe mit zunehmendem Alter.
Bei den über 50-jährigen geben zwischen 20 und 30%
der Probanden an, von einer arteriellen Hypertonie
zu wissen, während in den jüngeren Altersgruppen
etwa 10% diese Angabe machen (Tab.9).

Bei der differenzierten Auswertung der Ergebnisse der
Harnanalyse und der anamnestischen Angaben über arterielle
Hypertonie wurden die folgenden Ergebnisse erzielt.
Zwischen anamnestischen Hinweisen auf eine arterielle
Hypertonie und einer mit dem Sangur-Test nachweisbaren
Ausscheidung von Erythrozyten im Urin ergab sich keine
Beziehung. Nur bei einem hochdruckkranken Probanden

wurden mehr als 250 Erythrozyten/µl nachgewiesen. Alle
anderen hatten keine Erythrozytenausscheidung im Urin.
Auch zwischen dem Nachweis einer Eiweißausscheidung
im Urin und der anamnestischen Angabe einer arteriellen
Hypertonie fand sich keine belegbare Beziehung. Nur
18 Probanden wiesen mehr oder gleich 25/30 mg/dl Protein
in der Teststreifenanalyse auf. Dieses Ergebnis wurde
außerdem noch gestützt durch das Ergebnis der auto-
matisierten Analyse des Proteingehaltes im 50-fach
eingeengten Urin nach Folin-Lowry.

70,8 Prozent der Urinproben wiesen einen <u>Urin-pH</u> kleiner
oder gleich 6,5 und 29,2 Prozent einen Urin-pH
größer als 6,5 auf (Tab.10).

Bei 582 Urinproben (55,2%) war mit Hilfe der Teststreifenanalyse keine <u>Proteinurie</u> nachweisbar. Weitere
276 Harnproben (26,2%) ergaben ein unsicheres Ergebnis,
sodaß, rechnet man
diese Proben den negativen Teststreifenuntersuchungen
zu (diese Bewertung stützt sich auf das Ergebnis der
Analyse nach Folin-Lowry) bei 81,4 Prozent der
Harnproben keine Proteinurie nachweisbar war. Bei 158 Urinportionen (15%) wurden 25 mg/dl und bei 34 (3%) gleich
oder mehr als 30 mg/dl Protein mit dem Teststreifen
nachgewiesen (Tab.11).

Bei 15 Harnproben (1,4%) war <u>Glucose</u> im Urin nachweisbar (Tab.12)

In 962 Urinportionen (91,3%) waren mit dem Sangur-Test
keine <u>Erythrozyten</u> im Urin nachweisbar. Bei weiteren
43 Harnproben (4%) wurden 5-10 Erythrozyten /µl nachgewiesen. Dieser Meßwert gilt allgemein als kontroll-
bedürftig. Bei 45 Harnproben (4,3%) waren mehr als
10 Erythrozyten /µl mit dem Teststreifen nachweisbar (Tab.13).

Bei 480 Harnproben (45,5%) wurde die <u>Osmolarität</u>
im Bereich zwischen 291 und 800 mOsmol/l gemessen (Tab.14)
Über 800 mOsmol/l bzw. unter 291 mOsmol/l wiesen
525 (49,8%) bzw. 26 (2,5%) der Harnproben auf. Bei
23 Harnproben (2,2%) wurde keine Messung dokumentiert.

1047 Harnproben (99,3%) wurden 50-fach, 2 Harnproben
(0,2%) 25-fach eingeengt. Bei 5 Harnproben (0,5%)
wurde der Konzentrationsgrad nicht dokumentiert (Tab. 15).

904 Harnproben (85,8%) wiesen bei der Untersuchung mit
dem Uricult kein gramnegatives Keimwachstum auf.
73 Harnproben (6,9%) ergaben eine
Keimzahl von weniger als 10^4/ml Urin, 31 (2,9%) wiesen
10^4 Keime/ml Urin auf und 46 Harnproben (4,3%) waren
mit mehr als 10^4 Keimen/ml Urin besiedelt (Tab.16).

Bei der Analyse aller Harnproben mit Hilfe der Poly-
acrylamid-Gelelektrophorese (Tab.17,18) fand sich bei
17,4 Prozent der Harnproben eine isolierte glomeruläre
Schädigung, bei weiteren 14 Prozent fand sich eine
Kombination aus glomerulärer und tubulärer Schädigung,
sodaß insgesamt 31,4 Prozent der untersuchten Harnproben
sichere Hinweise auf renale Läsionen ergaben. Bei 16,8 %
der Harnproben ergaben sich Hinweise auf eine tubuläre
Nierenschädigung oder eine postglomeruläre Entzündung
und bei 4,2 Prozent der Harnproben waren Hinweise auf
eine sogenannte Überlaufproteinurie bzw. eine postrenale Entzündung zu finden. 68 Harnproben (6,5%)
waren aus methodischen Gründen nicht ablesbar und von
12 Harnproben (1,1%) wurde wegen zu kleiner Urinproben
kein Ergebnis erzielt.

20,1 Prozent der Probanden, deren Harnproben aufgrund der
Analysen als pathologisch angesehen wurden, konnten im
Rahmen der Nephrologischen Ambulanz klinisch nachunter-
sucht werden. Bei allen derart nachuntersuchten Kranken
konnte die Ursache für die Veränderung des Harnproteinmusters erkannt werden. Mehr als 70 Prozent der untersuchten Kranken litten an einer arteriellen Hypertonie.
Bei 2 Probanden konnte nicht geklärt werden, ob sie
nicht aufgrund einer Verwechselung ihrer Probennummer
oder aus anderem Grund sich zur klinischen Untersuchung
vorgestellt haben, da bei der Kontrolle der Harnanalysen
im Zusammenhang mit der klinischen Untersuchung
und in Übereinstimmung mit dieser kein pathologischer
Befund erhoben werden konnte.

Mit Hilfe der elektronischen Datenverarbeitung wurde
versucht, Beziehungen zwischen unterschiedlichen anamnestischen Angaben und zwischen den einzelnen
laboratoriumstechnischen Ergebnissen herzustellen,
um mögliche Kausalzusammenhänge aufzudecken.

Von den 330 Probanden, bei denen eine glomeruläre
Nierenschädigung mit Hilfe der molekulargewichtsbezogenen Proteinanalyse erfaßt werden konnten,
wiesen 25 (7,57%)10 und mehr Erythrozyten/µl Urin
auf. Unter den 175 Probanden mit einer tubulären
Läsion wurden 11mal 10 und mehr Erythrozyten/µl nachgewiesen (6,28%). Unter den 465 Harnproben, die nach
der Disc-Elektrophorese als normal angesehen wurden,
fanden sich 36 (7,74%) mit 10 und mehr Erythrozyten/µl.
67 Harnproben, die wegen technischer Schwierigkeiten
in der Disc-Elektrophorese nicht bewertbar waren, wiesen
3 mal (4,47%) mehr als 10 Erythrozyten /µl auf (Tab. 19).

In einem weiteren Kreuzschritt wurde versucht, eine
Beziehung zwischen der Häufigkeit des Erythrozytennachweises im Urin und dem Geschlecht der Probanden herzustellen (Tab. 20). Es stellte sich heraus, daß bei
92,7 Prozent aller Harnproben praktisch keine Erythrozyten im
Urin erfaßt wurden. Während von 535 Männern, die untersucht wurden, 13 (2,4%) der untersuchten Männer 10 oder
mehr Erythrozyten /µl Urin aufwiesen, wurde bei 63
(12,25%) der untersuchten Frauen eine solche Erythrozytenausscheidung im Urin erfaßt.

In einer weiteren Analyse wurde der Frage nachgegangen,
in welcher Häufigkeit mit Hilfe des Teststreifens Erythrozyten im Urin und gleichzeitig eine Proteinurie
nachgewiesen werden konnten. Dabei fand sich, daß insgesamt bei 7,23 Prozent (n=76) der Harnproben mehr als
10 Erythrozyten/µl nachgewiesen wurden. Von diesen fand
sich bei 54 (71,05%) **weniger als 25 mg/dl Protein** im Teststreifen und bei 22 (28,98%) gleich oder mehr als
25 mg/dl Protein (Tab. 21).

Die Beziehung des Teststreifennachweises von Protein
und der Messung des Proteingehaltes im 50-fach kon-

zentrierten Urin bei Probanden mit normalem Proteinmuster (nach Folin-Lowry) ist in Tabelle 22 dargestellt. Danach wiesen 26 Harnproben mehr als 100µg/µl Protein auf, von denen 10 (38,46%) mit dem Teststreifen erfaßt wurden. 16 (61,5%) entgingen der Teststreifenanalyse. 395 Harnproben enthielten in der Folin-Lowry Bestimmung weniger als 100 µg/µ.l Urin. Von diesen wurden 41 (10,37%) vom Teststreifen als proteinhaltig und 354 (82,62%) vom Teststreifen als kein Protein enthaltend bewertet.

In der Tabelle 23 ist die Häufigkeitsverteilung des Nachweises einer gramnegativen Bakteriurie bezogen auf das Geschlecht des Probanden dargestellt. Bei 902 Urinportionen (85,7%) konnte kein gramnegatives Keimwachstum erfaßt werden. 9,8 Prozent der Harnproben lagen im kontrollbedürftigen Bereich. Wobei 67 Prozent der Harnproben von Frauen, bei denen bakterielles Wachstum nachgewiesen werden konnte, im kontrollbedürftigen Bereich zwischen 10^3 und 10^4 Keimen/ml lagen. Während bei 7 Männern eine signifikante Bakteriurie nachgewiesen werden konnte, wurde bei 39 Frauen (33%) dieser Befund erhoben.

Beurteilt man die Häufigkeit gramnegativer Bakteriurie in dem Untersuchungskollektiv, dann fand sich bei 31 Männern, (5,77%) und 119 Frauen (23,1%) eine gramnegative Bakteriurie.(Tab. 24).

Bei dem Versuch, anamnestische Angaben über dysurische Beschwerden und den Teststreifennachweis einer Erythrozyturie (mehr oder gleich 10 Erythrozyten /µl) in Beziehung zu setzen, wurden folgende Ergebnisse erzielt.
Von den 242 Probanden mit anamnestischen Hinweisen (Tab.25) auf eine Dysurie wiesen 24 (2,31% des Gesamtkollektivs) eine Erythrozyturie auf. Beim Vergleich der Häufigkeit dysurischer Beschwerden in der Anamnese und dem Nachweis einer Proteinurie im Teststreifen (mehr oder gleich 25 mg/dl) fand sich bei 42 Probanden gleichzeitig mit einer Dysurie auch eine Proteinurie (4,03% des Gesamtkollektivs). Das entspricht 17,35 Prozent der (Tab.26) Probanden mit anamnestischen Hinweisen auf eine Dysurie.

Teilt man die Auswertung der Ergebnisse der Proteinanalyse mit der Disc-Elektrophorese in eine Gruppe mit, und eine Gruppe ohne Dysurie ein, kommt man (Tab. 27,28) zu den folgenden Ergebnissen. 240 der 242 Probanden mit der Anamnese einer Dysurie wurden mit der Disc-Elektrophorese untersucht. Bei 58 (24,16% dieser Gruppe)fand sich eine glomeruläre Läsion, bei 39(16,25% der Gruppe)eine Tubulus-Läsion, bei 115 (47,91% der Gruppe) ein normales Proteinmuster und 28 (11,66% der Gruppe) waren aus technischen Gründen nicht auswertbar. Bei 792 Probanden ohne dysurischen Beschwerden in der Anamnese wurde bei 272 (34,34 % der Gruppe) eine glomeruläre Läsion gefunden(Tab. 28), bei 133 (16,79% der Gruppe) eine Tubulus-Läsion, bei 304 (38,38% der Gruppe) ein normales Verteilungsmuster der Harnproteine und 83 Probanden war aus technischen Gründen die Analyse nicht auswertbar (10,47%).

In einem weiteren Untersuchungsschritt wurde der Frage nachgegangen, ob eine Beziehung zwischen anamnestischen Hinweisen auf Fluor vaginalis und dem Nachweis einer gramnegativen Bakteriurie in den spontan gelassenen Harnproben belegbar ist. Von den 84 Frauen (8,05% der Population) wiesen 59 (70,2% der Gruppe) einen sterilen Urin auf. Bei 15 (17,9% der Gruppe) fand sich eine Bakteriurie im kontrollbedürftigem Bereich (10^3 bis 10^4 Keime/ml) und bei 10 Frauen (12% der Gruppe)fand sich eine signifikante Bakteriurie (Tab. 29). Von den 84 Frauen (Tab. 30) gaben 24 (28,6% der Gruppe) zusätzlich zu Fluor vaginalis auch an, unter dysurischen Beschwerden zu leiden.

Bei dem Versuch, die Ergebnisse der Disc-Elektrophorese mit anamnestischen Hinweisen auf einen Fluor vaginalis in Verbindung zu setzen, wurden die folgenden Ergebnisse erzielt (Tab. 31). Bei 47,6 Prozent der Frauen aus dieser Gruppe fand sich ein normales Proteinmuster, bei 43 Prozent fand sich ein pathologisches Urinmuster, wobei 25,1 Prozent Hinweise auf eine glomeruläre Läsion und 17,9 Prozent

auf tubuläre Läsionen und andere Veränderungen im
Harntrakt ergaben.

Der Vergleich der Ergebnisse der Disc-Elektrophorese bei
Probanden mit anamnestischen Hinweisen auf eine
regelmäßige Schmerzmitteleinnahme ergab bei 45 (48,3%)
der Probanden ein normales Proteinmuster, bei 21
(22,58%) eine glomeruläre Läsion einschließlich der
Kombination Tubulus- und glomeruläre Läsion, bei 11
Probanden (11,82%) eine Tubulusläsion und bei 9 Probanden
seltenere postrenale Veränderungen, bei 7 Probanden
war aus technischen Gründen die Analyse nicht verwertbar.
(Tab. 32)

Die bei den Untersuchungsteilnehmern mit anamnestischen
Hinweisen auf einen Analgetikaabusus gesicherten Nierenschäden waren n = 21 (22,5% der Gruppe) mit
glomerulärer Schädigung und n = 18 (19,35% der Gruppe)
mit tubulärer Schädigung (Tab. 33).

DISKUSSION

Aufgrund der derzeit zur Verfügung stehenden Kenntnisse über die Häufigkeit von Nierenkrankheiten in der Bevölkerung sind klare Aussagen über die tatsächliche Verteilung nicht möglich gewesen. Daher gibt es im Grunde auch keine echten Empfehlungen für prophylaktische Maßnahmen oder eine sinnvolle gesundheitspolitische Planung.

In der vorliegenden Studie wurde versucht, mit Hilfe eines Anamnesefragebogens und einer möglichst präzisen Analyse von spontan gelassenen Harnproben in einer nicht selektierten Bevölkerungsgruppe einigermaßen zuverlässige Aussagen über die tatsächliche Verteilung von Nierenkrankheiten in der Bevölkerung zu erzielen. Dabei stellte sich in der Endauswertung heraus, daß nicht nur dem ursprünglichen Untersuchungsziel entsprechend Aussagen über die Häufigkeit bakterieller Nieren- und Harnwegserkrankungen, sondern auch Aussagen über glomeruläre Nierenschäden möglich wurden. Zusätzlich wurden wichtige Informationen über die Wertigkeit subjektiver anamnestischer Angaben in der Diagnostik von Nierenkrankheiten sowie Angaben über Bluthochdruck und Schmerzmittelverbrauch in der Bevölkerung erzielt.

Wir sind der Ansicht, daß die Anzahl der in die Studie eingegangenen Probanden (n= 1054) mit nahezu gleichmäßiger Verteilung auf Männer und Frauen und einer sehr günstigen Altersverteilung für die 20- bis 60-jährige Bevölkerungsgruppe zuverlässige Aussagen zu den angesprochenen Themen gestatten. Abgeleitet von der Altersverteilung kann man davon ausgehen, daß die Ergebnisse repräsentativ sind für die arbeitende Bevölkerung in unserem Lande. Leider konnte keine gleichmäßige Verteilung der Untersuchungsteilnehmer aus Stadt- und Landbevölkerung erzielt werden, so daß mögliche Umwelteinflüsse mit den hier vorgelegten Zahlen nicht wiedergegeben werden können.

Unter den anamnestischen Angaben fällt besonders die Häufigkeit der Hinweise auf Schmerzen beim Harnlassen (23 %) ins Auge. Auch der Hinweis von 20,8 Prozent der Untersuchten, irgendwann einmal in ihrem Leben wegen einer Nierenkrankheit behandelt worden zu sein, ist unerwartet häufig. Ob diese Angabe Folge unvollständiger oder fehlerhafter Information durch die betreuenden Ärzte gewesen ist, oder ob es sich hier um die tatsächliche Häufigkeit handelt, kann mit den vorliegenden Zahlen nicht entschieden werden. Immerhin gaben aber auch 1,5 Prozent der Untersuchten an, zur Zeit wegen einer Nierenkrankheit in Behandlung zu stehen. Bei der differenzierten Bewertung der anamnestischen Hinweise auf dysurische Beschwerden stellte sich jedoch heraus, daß in der Gruppe dieser Probanden keineswegs klinische Hinweise auf Harnwegserkrankungen oder gar Nierenerkrankungen in vermehrter Häufigkeit erfaßt werden konnten. So fanden sich bei den Probanden mit dysurischen Beschwerden in der Anamnese weder vermehrt eine Proteinurie noch Erythrozyturie, noch häufiger ein pathologisches Proteinmuster im Urin. Interessanterweise fand sich bei den Probanden mit Anamnese einer Dysurie sogar mit 47,9 Prozent deutlich häufiger ein normales Proteinmuster als bei solchen Probanden ohne dysurische Beschwerden in der Anamnese (38 % normales Proteinmuster). Aufgrund der geschlechtsbezogenen Häufigkeitsverteilung der anamnestischen Hinweise auf eine Dysurie (13,8% Frauen, 9,4% Männer) sind wir geneigt anzunehmen, daß hier um subjektive Mißempfindungen wiedergegeben wurden, die man auf spezielle anatomische Besonderheiten beziehen muß.

Bei der anamnestischen Erhebung wurde von 8 Prozent der Probanden bzw. 16 Prozent der Frauen angegeben, daß Fluor vaginalis besteht. Bei der differenzierten

Auswertung dieser Angabe ließ sich keine sichere
simultane Häufigkeitszunahme einer gramnegativen
Bakteriurie, einer Veränderung des Harnproteinmusters oder einer ursächlichen Beziehung zu
dysurischen Beschwerden nachweisen, da nur bei
einem Drittel der Frauen mit Fluor vaginalis
gleichzeitig auch dysurischen Beschwerden angegeben wurden.

Immerhin 12,8 Prozent dieser nicht ausgewählten,
also repräsentativen Bevölkerungsgruppe gab an,
an einer Bluthochdruckkrankheit zu leiden. Wobei
weiterhin besonders beeindruckend ist, daß in der
klinisch nachuntersuchten Gruppe der Probanden
mit pathologischem Proteinmuster etwas mehr als
70 Prozent der Probanden an einer arteriellen
Hypertonie litten. Bei der Bewertung der Altersverteilung der anamnestischen Angaben über arterielle
Hypertonie ist auffallend, daß innerhalb der einzelnen
Jahrzehnte etwa vom 40. Lebensjahr beginnend in zu-
nehmender Häufigkeit Bluthochdruck bekannt ist.
Immerhin gaben 20 Prozent der 50- bis 60-jährigen
und 33 Prozent der 60- bis 70-jährigen Probanden an,
bluthochdruckkrank zu sein. Interessanterweise gaben
15 Prozent der Männer, aber nur 10 Prozent der Frauen
an, von ihrer Hochdruckkrankheit zu wissen.

Eine weitere wichtige Information ergab die Bewertung
des Fragebogens in Bezug auf die Einnahme von Schmerz-
tabletten. 9,1 Prozent der untersuchten Bevölkerungsgruppe gaben an, regelmäßig Schmerzmittel einzunehmen,
wobei immerhin 4,6 Prozent der Probanden angaben,
mindestens 1-4 Schmerzmittel pro Woche und die Hälfte
dieser Gruppe wiederum 1-4 Schmerzmittel pro Tag einzunehmen. Solche Angaben wurden in 72 Prozent von
Frauen und in 28 Prozent von Männern gemacht. Damit
deckt sich die Geschlechtsbeziehung der Probanden
mit Analgetikaabusus mit den Angaben von Bock und Dubach,
in der von ihnen untersuchten Population.

Aufgrund der Verteilung der Urinproteine fand sich kein sicherer Einfluß auf die Qualität des Nierenschadens, wenn man davon absieht, daß in der Gesamtpopulation 31 Prozent Hinweise auf glomeruläre Nierenschäden aufwiesen, in der Gruppe mit Analgetikaabusus jedoch nur 22,5 Prozent der Probanden.
In der Häufigkeit von tubulären Nierenschäden bestand ebenfalls kein sicherer Unterschied, da in der Gruppe mit Analgetikaabusus in 19,4 Prozent der Fälle und in der Gesamtpopulation in 16,8 Prozent der Fälle ein solches Schädigungsmuster nachweisbar war. Bezogen auf die Altersverteilung der Probanden mit Analgetikaabusus fällt auf, daß eine deutliche Zunahme der Angaben über Schmerzmittelabusus jenseits des 40. Lebensjahres einsetzt. Immerhin geben zwischen 12 und 15 Prozent der Probanden zwischen 50 und 70 Jahren regelmäßige Schmerzmitteleinnahme an.

Zu der Wertigkeit der einzelnen methodischen Untersuchungsschritte und auch der Wertigkeit der einzelnen anamnestischen Angaben sollen abschließend noch einige zum Teil bewußt überzeichnete Aussagen gemacht werden.

In der hier vorgelegten Studie hat sich der Versuch, eine pathologische Proteinausscheidung im Urin mit Hilfe der Teststreifenanalysen zu erfassen, nicht ausreichend bewährt. Immerhin schließt ein negatives Teststreifenergebnis eine große und auch eine pathologische Proteinurie nicht aus. Hier erreicht die Fehlerquote 60 Prozent. Auf der anderen Seite konnte sehr deutlich gezeigt werden, daß der positive Proteinnachweis mit dem Teststreifen nur selten eine falsche Diagnose verursacht. Immerhin waren nur 12,9 Prozent der Teststreifenanalysen falsch positiv.
Daraus wird abgeleitet, das nach unserer Ansicht der Nachteil des Teststreifens darin besteht, daß mehr als die Hälfte der großen Proteinurien nicht erkannt werden.

Andererseits bietet der Teststreifen den Vorteil, daß bei einem positiven Teststreifenergebnis mit 80-prozentiger Wahrscheinlichkeit ein glomeruläres Schädigungsmuster erwartet werden kann. Mit anderen Worten, ein negatives Teststreifenergebnis schließt eine Erkrankung der Nieren und der ableitenden Harnwege nicht aus, ein positives Teststreifenergebnis belegt mit ausreichender Genauigkeit den Verdacht auf eine ernst zu nehmende Erkrankung der Nieren und der ableitenden Harnwege. Falls man sich dieser Wertigkeit des Teststreifenergebnisses bewußt ist, ist seine Verwendung für Feldstudien und für gezielte Einzelanalysen in der ärztlichen Praxis und im Krankenhaus weiterhin zu vertreten.

Falls die Möglichkeit besteht, mit entsprechender laboratoriumstechnischer Ausrüstung in 50-fach konzentriertem Urin die Proteinmenge mit der Methode nach Folin und Lowry zu bestimmen, dann kann man aufgrund unserer Studien davon ausgehen, daß beim Nachweis von mehr als 60 µg/µl Protein in dem solchermaßen eingeengten Urin ebenfalls mit 80-prozentiger Wahrscheinlichkeit ein pathologisches Verteilungsbild der Harnproteine angetroffen wird. Das heißt andererseits aber, daß im Einzelfall zum gezielten Ausschluß einer renalen Erkrankung niemals die alleinige quantitative Proteinanalyse ausreicht, um die Frage zuverlässig beantworten zu können. Nach unserer Erfahrung sollte sich also immer die molekulargewichtsbezogene Proteinanalyse anschließen. Wird allerdings in der Methode nach Folin-Lowry mehr als 200 µg/µl Protein nachgewiesen, dann ist eine 97-prozentige Wahrscheinlichkeit gegeben, daß es sich um eine glomeruläre Nierenschädigung handelt.

In der gesamten Studie wurde versucht, durch eine differenzierte Auswertung der Urinosmolarität einen weiteren Parameter für eine gezielte Patientenüberwachung zu erreichen. Es hat sich jedoch ergeben, daß die Bestimmmung der Osmolarität als Einzelprobe im spontan gelassenen Harn nicht verwertbar ist und keine brauchbare Aussage gestattet, da immerhin 45 Prozent der untersuchten Harnproben pathologische Ergebnisse erbrachten. Aufgrund unserer Analysen ist die Bestimmung der Osmolarität in spontan gelassenen Harnproben als Einzelprobe auch in Kombination mit andern Parametern wie Proteinurie, Erythrozyturie, Bakteriurie oder molekulargewichtsbezogene Proteinanalyse im Urin nicht verwertbar. Diese Aussage ist für den Fall der Bevölkerungsstudie oder der Vorsorgeuntersuchung aufgrund der hier vorgelegten Daten als belegt anzusehen. Ob die gleiche Wertigkeit für dieses Verfahren auch in der Klinik angenommen werden muß, wo immerhin die Möglichkeit besteht, die Osmolarität im konzentrierten Nachturin und hier möglicherweise in 3 aufeinander folgenden Harnportionen zu messen, muß noch geprüft werden.

Bei der detailierten Bewertung der anamnestischen Hinweise auf dysurische Beschwerden unter Berücksichtigung der laboratoriumstechnischen Ergebnisse wurden die folgenden Fakten deutlich. 40 Prozent aller Probanden die angaben jetzt oder früher unter dysurischen Beschwerden gelitten zu haben, wiesen ein pathologisches Proteinmuster auf. 25 Prozent der Probanden mit dieser Anamnese hatten nach der molekulargewichtsbezogenen Proteinanalyse ein Muster wie bei einer glomerulären Nierenschädigung, wobei jedoch nur 19 Prozent als sicher pathologisch anzusehen waren. Bei den verbleibenden 6 Prozent war das Proteinmuster so schwach ausgebildet, daß eine zuverlässige Einordnung nicht gelang. Das bedeutet aber, daß 20 Prozent der Probanden mit Angaben über dysurische Beschwerden in der Anamnese schwere glomeruläre Nierenschäden aufwiesen.

Andererseits kommen wir aufgrund dieser Ergebnisse zu

dem Schluß, daß Angaben über dysurische Beschwerden
nur in der unmittelbaren akuten Krankheitsphase
wirklich brauchbar sind, daß sie als anamnestischer
Hinweis in der zusammenfassenden Bewertung einer
länger gehenden Krankengeschichte praktisch keine
zuverlässige Hilfe darstellen. Dabei ist bemerkenswert,
daß 24 (28,6%) aller Frauen, die Angaben über Fluor
vaginalis gemacht haben, auch angaben, unter dysurischen Beschwerden gelitten zu haben. In diesem
Zusammenhang muß in weiteren Analysen noch der Frage
nachgegangen werden, welchen Anteil diese Frauen zu
dem Kontingent derer mit Ausfluß und pathologischem
Proteinmuster beisteuern.

Nur ausgesprochen selten konnte das gleichzeitige
Zusammentreffen von dysurischen Beschwerden und einer
Erythrozyturie oder Proteinurie erfaßt werden. Wenn
also Angaben über eine Dysurie in der Anamnese gemacht
werden, kann man kaum mit einem pathologischen Teststreifenergebnis, aber in 25 bis 40 Prozent der Fälle
mit einem pathologischen Proteinmuster rechnen. Dabei
ist entscheidend, ob der Nachweis einer Tubulusläsion
(4 oder mehr niedermolekulare Proteine) auch bereits
als pathologisch gewertet wird oder nicht. Diese Bewertung ist in der wissenschaftlichen Fachwelt zur
Zeit noch umstritten. Auch die oben dargestellte Bewertung gibt nur die Arbeitshypothese unserer Gruppe
wieder, für die inzwischen einige gut belegbare
Argumente vorliegen.

Mit Hilfe des Sangur-Testes ist in der hier vorgelegten Studie versucht worden, eine Ausscheidung von
Erythrozyten im Urin, die die Norm überschreitet,
nachzuweisen. Immerhin wurde bei 7,3 Prozent aller
Probanden eine Ausscheidung von mehr oder gleich
10 Erythrozyten pro µl Urin nachgewiesen. Aus
noch ungeklärter Ursache wurde dieses Ergebnis in
83 Prozent der Fälle bei Frauen und nur in 17 Prozent
der Fälle bei Männern erzielt. Möglicherweise aufgrund

der relativ kleinen Fallzahl gelang es nicht, eine
Altersbeziehung herzustellen. Auch die differenzierte
Analyse bezogen auf das Teststreifenergebnis zum
Nachweis einer Proteinurie und die differenzierte
Analyse des Proteinmusters im Urin ergab keine brauchbare Beziehung zum Erythrozytennachweis im Urin.
Nur 7 Prozent der Harnproben mit mehr als 10 Erythrozyten /µl im Teststreifenergebnis wiesen in der Disc-Elektrophorese ein Muster wie bei einer echten
Nierenschädigung auf. 70 Prozent der Harnproben mit
mehr als 10 Erythrozyten / µl hatten keine Proteinurie.
Noch ungeklärt ist zum gegenwärtigen Zeitpunkt die Frage,
ob alle Patienten die Proteinurie und Erythrozyturie
gleichzeitig aufwiesen, auch sicher ein pathologisches
Muster im Urin ausschieden, oder ob eine solche Beziehung nicht nachweisbar war.

Schließlich wurde untersucht, in welcher Häufigkeit
mit Hilfe der Eintauchnährböden (Uricult) in der
untersuchten Bevölkerungsgruppe eine gramnegative
Bakteriurie nachgewiesen werden konnte. Insgesamt
wurde bei 15 Prozent der Probanden eine Bakteriurie
nachgewiesen. Interessanterweise wurde aber bei 23
Prozent der Frauen und nur bei 6 Prozent der Männer
eine Bakteriurie erfaßt. Nach unserer Meinung wird
durch unsere Untersuchungsergebnisse belegt, daß das
Problem der Bakteriurie als Hinweis auf eine echte
Nierenkrankheit offensichtlich weitgehend überbewertet
wird. Immerhin waren 70 Prozent der Keimnachweise
im Urin bei den Frauen mit Bakteriurie im kontrollbedürftigen Bereich und nur 30 Prozent der Keimnachweise bei Frauen lagen im Bereich der sogenannten
signifikanten Bakteriurie, daß entspricht 3,7 Prozent
der untersuchten Bevölkerungsgruppe. Eine zuverlässige
Beziehung zwischen der Häufigkeit einer Bakteriurie
und z.B. einer tubulären Nierenschädigung konnte nicht
erfaßt werden.

Wie die abschließende klinische Untersuchung der
Probanden mit pathologischem Harnproteinmuster
erwiesen hat, muß mit hoher Wahrscheinlichkeit
davon ausgegangen werden, daß die molekulargewichtsbezogene Proteinanalyse in der von uns
verwendeten Version (50-fach konzentriert,
spontan gelassene Harnprobe, 500 µg Protein
für die Analyse, 7,5%iges SDS-Polyarylamidgel,
discontinuierlicher Phosphatpuffer, pH 7,2)
eine dringend wünschenswerte Verbesserung des
diagnostischen Instrumentariums zur Früherfassung
und zur aktuellen Beurteilung von Nierenschäden
und von Erkrankungen der ableitenden Harnwege
darstellt. Der einzige Nachteil des Verfahrens,
der zur Zeit offenbar wurde, ist in der relativ
langen Analysenzeit (etwa 2,5 Tage bis zum
Ergebnis) zu sehen. Dennoch ist mit diesem Verfahren eine sehr viel sicherere und zuverlässigere
Bewertung von Harnproben möglich, als mit allen
anderen zur Zeit zur Verfügung stehenden diagnostischen
Suchverfahren.

Völlig neu und besonders für die gesundheitspolitische
Planung von Interesse ist das Ergebnis, daß in der
von uns untersuchten Bevölkerungsgruppe 30 Prozent
der Probanden sichere Hinweise auf renale Schäden
aufwiesen, von denen allerdings allein aufgrund des
Proteinmusters nicht abgeleitet werden kann, von
welcher klinischen Bedeutung sie tatsächlich sind.
Immerhin war bei 10 Prozent der Probanden der Hinweis
auf die glomeruläre Nierenschädigung so ausgeprägt,
daß an seiner klinischen Bedeutung aufgrund unserer
jetzt vorliegenden Erfahrungswerte kein Zweifel besteht. Andererseits haben wir aus der Verlaufs-
beobachtung der klinisch nachbeobachteten Kranken
gelernt, daß der Nachweis eines glomerulären
Schädigungsmusters im Urin keineswegs eine stabile
Größe darstellt. So ist z.B. bei insgesamt 5 Probanden

aus der klinisch nachuntersuchten Gruppe, bei denen das glomeruläre Schädigungsmuster auf eine Bluthochdruckkrankheit bezogen werden mußte, vier Wochen nach erfolgreicher Blutdrucknormalisierung auch wieder ein normales Harnproteinmuster nachgewiesen worden. Wir sind daher der Überzeugung, daß man mit Hilfe der molekulargwichtsbezogenen Proteinanalyse im Urin ein Verfahren zur Verfügung hat, daß eine Aussage über den derzeitigen Funktionszustand der Glomeruli und Tubuli gestattet, von dessen Ergebnis aber keineswegs ein Rückschluß auf eine bestimmte morphologische Strukturschädigung gezogen werden kann. In der zusammenfassenden Bewertung aller klinischen Parameter und des Harnproteinmusters ist eine erhebliche Besserbewertung des Gesundheitszustandes des einzelnen Patienten möglich geworden.

Aufgrund unserer Untersuchungsergebnisse muß davon ausgegangen werden, daß Nierenschäden mit viel größerer Häufigkeit in unserer Bevölkerungs existieren, als es aufgrund der bisher vorliegenden Angaben angenommen werden konnte. Die bisher vorliegenden Daten erlauben jedoch keine Aussage darüber, welche klinische Bedeutung diese Befunde tatsächlich erlangen werden. Die Ergebnisse unserer klinischen Nachuntersuchung legen jedoch nahe, daß eine gründliche, regelmäßige, im engeren Sinne also vorbeugende Überwachungsuntersuchung der Bevölkerung unter Einschluß der molekulargewichtsbezogenen Proteinanalyse einen wichtigen Beitrag dazu leisten kann, neben primären Erkrankungen der Niere auch sogenannte Folgeschäden rechtzeitig zu erfassen und von diesem Ergebnis die Dringlichkeit zu therapeutischen Maßnahmen abzuleiten.

Zusammenfassung

In einer prospektiven Studie in der Bevölkerung der
Stadt Münster und Umgebung wurde versucht, das moderne
diagnostische Instrumentarium der Nephrologie für
eine erfolgreiche Früherkennung und Besserbewertung
von Nierenschäden einzusetzen. Gleichzeitig wurde
versucht, eine zuverlässige Zahl über tatsächliche
Nierenschäden mit besonderer Berücksichtigung der
bakteriellen Infektionen in der Bevölkerung zu
erzielen. Dabei wurde nachgewiesen, daß insgesamt
in der Bevölkerung Nierenschäden , primär und
sekundär in ungewöhnlicher Häufigkeit (30 %),
existieren. Eine bakterielle Besiedelung der ableitenden
Harnwege konnte nur bei 3,7 Prozent der untersuchten Bevölkerungsgruppe nachgewiesen werden,
wobei nur bei der Hälfte dieser Probanden Hinweise
auf eine tatsächliche Erkrankung der Nieren oder
des ableitenden Harntraktes erfaßt wurden. Diese Ergebnisse legen nahe, die bisher üblichen Vorsorge-
untersuchungen durch die molekulargewichtsbezogene
Proteinanalyse zu erweitern und auf eine größere
Bevölkerungsgruppe auszudehnen, um behandelbare
Erkrankungen der Nieren und der ableitenden Harnwege rechtzeitig zu erkennen. Eine präzise Aussage
über den besten Zeitpunkt einer solchen Vorsorgeuntersuchung erhoffen wir von der abschließenden
Analyse der Population im Kindergartenalter hier
im Einzugsbereich der Stadt Münster.

Abb.: 1 a + b

Molekulargewichtsbezogene Proteinanalyse
(PAGE) im Urin

1 normales Muster
2 Tubulusläsion
3 glom. und tubuläre Läsion
4 Serum-Kontrolle

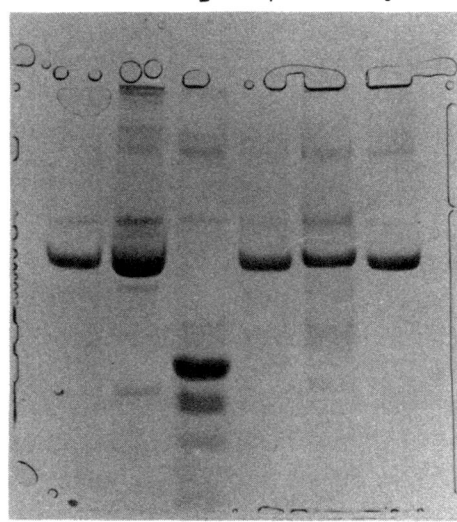

Immunglobuline

Transferrin

Albumin

niedermolekulare
Proteine

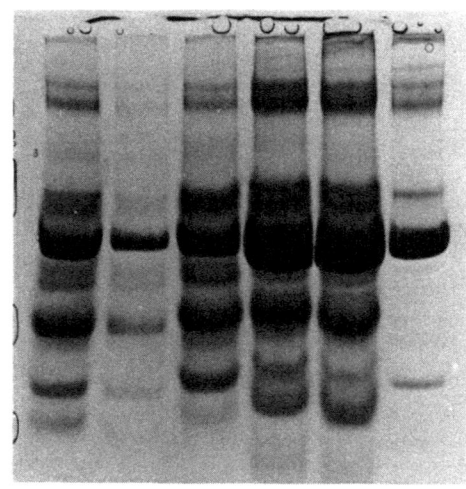

T A B E L L E N

Geschlechtsverteilung

	n =	%
männlich	537	51,0
weiblich	515	48,9
keine Angabe	2	0,1
Total	1054	100,0

(POP 78 / 80)

Tab. 1

Wohnort

	n =	%
Stadt	775	73,5
Land	276	26,2
Keine Angabe	3	0,3
Total	1054	100,0

(POP 78 /80)

Tab. 2

Alter in Jahren <klassiert>
==============================

	n =	%	
00 bis 9 Jahre	3	0,3	
10 bis 19 Jahre	49	4,6	
20 bis 29 Jahre	257	24,4	
30 bis 39 Jahre	235	22,3	
40 bis 49 Jahre	267	25,3	92,4 %
50 bis 59 Jahre	215	20,4	
60 bis 69 Jahre	21	2,0	
70 bis 79 Jahre	1	0,1	
Keine Angaben	6	0,6	
Total	1054	100.0	

(POP 78 / 80)

Tab. 3

Anamnestische Angaben
======================

	n =	%
Ausfluss	84	8,0
Dysurie	242	23,0
Nierenkrankheit :		
- früher	219	20,8
- jetzt	16	1,5

Anamnestische Angaben über Fluor vaginalis
(n = 84) wurden nur von Frauen gemacht.

Keine Angabe bei n = 970 Probanden

[POP 78/80]

Tab. 4

Häufigkeit und Geschlechtsverteilung
anamnestischer Angaben über Dysurie

n = 242 / 1043   keine Angabe n = 11

	Dysurie	
	n =	%
weiblich	144	13,8
männlich	98	9,4

[POP 78/80]

Tab. 5

Geschlechtsverteilung der Anamnesen
mit Analgetikaabusus

n = 94 ; 9,1 % / 1032
keine Angabe   n = 22

	n =	%
männlich	26	27,7
weiblich	68	72,3
n =	94	100,0

[POP 78/80]

Tab. 6

Altersverteilung der Probanden mit Analgetikaabusus (Anamnese)

Keine Angabe   n = 26

Analgetika	Altersklasse in Jahren							n =	
	00 - 9	10 - 19	20 - 29	30 - 39	40 - 49	50 - 59	60 - 69	70 - 79	n = %
ja	0	4	20	16	25	26	3	0	94 9,1
nein	3	44	232	217	235	184	18	1	934 90,0
n =	3	48	252	233	260	210	21	1	1028
%	0,3	4,7	24,5	22,7	25,3	20,4	2,0	0,1	100,0
ja %-Altersgruppe :	8,3	7,93	6,86	9,61	12,38	14,28			

n = 40 (42,55%) ↓   ↑ n = 54 (57,4 %)   [POP 78/80]

Tab. 7

Häufigkeit anamnestischer Angaben über
arterielle Hypertonie bezogen auf das
Geschlecht

Fehlende Angabe n = 26

Hochdruck	männlich	weiblich	n =	%
ja	78 14,85%	54 10,73 %	132	12,8
nein	447	449	896	87,2
n =	525	503	1028	
%	51,1	48,9	100,0	

[POP 78/80]

Tab. 8

Altersverteilung der anamnestischen Angaben über arterielle Hypertonie

Keine Angabe n = 30

Hochdruck	Altersklasse in Jahren								n =
	00 - 9	10 - 19	20 - 29	30 - 39	40 - 49	50 - 59	60 - 69	70 - 79	%
ja	0	2	26	21	32	43	7	0	131 12,8
nein	3	46	227	208	227	167	14	1	893 87,2
n =	3	48	253	229	259	210	21	1	1024
% Hochdruck pro Altersklasse		4,16	10,27	9,17	12,3	20,47	33,3		[POP 78/80]

Tab. 9

Urin - pH - Teststreifen

< 6,5	:	70,8 %
> 6,5	:	29,2 %

(POP 78/80)

Tab. 10

Teststreifen : Eiweiß im Urin
================================

	n =	%
negativ	582	55,2
unsicher	276	26,2
verdächtig	158	15,0
pathologisch	34	3,2
Total	1050	99,6

(POP 78/80) [0,4 % ohne Angabe]

Tab. 11

Urin - Zucker Teststreifen

	n=	%
+	4	0,4
++	1	0,1
+++	10	0,9
kein Zucker	1039	98,6
Total	1054	100,0

(POP 78 / 80)

Tab. 12

Teststreifen : Erythrozyten im Urin
=====================================

Ery / µl	n =	%
negativ	962	91,3
5 - 10	43	4,0
50	24	2,3
250	21	2.0
Keine Angabe	4	0,4
Total	1054	100,0

(POP 78/80)

Tab. 13

Osmolaritätsmessung im Urin

mOsmol/l	n =	%	
100 - 290	26	2,5	
291 - 800	480	45,5	52,3 %
über 800	525	49,8	
keine Messung	23	2,2	
Total	1054	100,0	

(POP 78/80)

Tab. 14

Grad der Einengung der Harnproben
mit Amicon-B-15-Filter

Konzentration	n =	%
25-fach	2	0,2
50-fach	1047	99,3
keine Angabe	5	0,5
Total	1054	100,0

(POP 78/80)

Tab. 15

Keimzahl im Urin (gramnegative Erreger)
=================

	n =	%	
Steril	904	85,8	
$<10^4$/ml	73	6,9	92,7
10^4/ml	31	2,9	
$>10^4$/ml	46	4,3	
Total	1054	100,0	

(POP 78 /80)

Tab. 16

Urin : Ergebnisse - Proteinmuster
====================================

	n =	%
Norm. Proteinmuster	422	40,0
Glom. Proteinverlust	78	7,4
Glom. Läsion	105	10,0
Glom. Tubulusläsion	98	9,3
Tubulus + Glom. Läsion	50	4,7
Tubulusläsion	120	11,4
Postglom. Entzündung	57	5,4
Überl. Proteinurie	4	0,4
Postrenale Entzündung	40	3,8
Nicht ablesbar	68	6,5
Keine Angabe	12	1,1
Total	1054	100,0

(POP 78 / 80)

Tab. 17

Urin : Ergebnisse - Proteinmuster
====================================

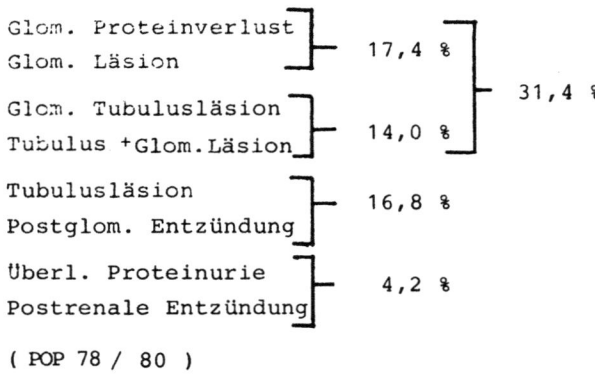

(POP 78 / 80)

Tab. 18

Beziehung zwischen Proteinmuster und Teststreifen-
Untersuchung des Urins /> 10 Ery/µl

n =	Protein-muster	Streifen	n =	%
330	Glom. Läsion	> 10 Ery/µl :	25	(7,57)
175	Tub. Läsion	> 10 Ery/µl :	11	(6,28)
505	Nierenschaden	> 10 Ery/µl :	36	(7,12)
465	normal	> 10 Ery/µl :	36	(7,74)
67	nicht ablesbar	> 10 Ery/µl :	3	(4,47)

[POP 78/80]

Tab. 19

Häufigkeit des Erythrozytennachweises im Urin
bezogen auf die Geschlechtsverteilung

Ery / µl	männlich	weiblich	n =	%
negativ	517	444	961	91,6
5	5	7	12	1,1
10	7	24	31	3,0
50	5	19	24	2,3
250	1	20	21	2,0
n =	535	514	1049	
% =	⁻1,0	49,0	100,0	

fehlende Angabe n = 5   [POP 78/80]

Tab. 20

Vergleich Teststreifensuche nach Erythrozyten im
Urin (Sangur-Test)
und Teststreifensuche nach Proteinurie (Combur-6-Test)

n = 1050 : n = 76 (7,23 %) > 10 Ery/µl Urin

n = 54 (71,05%) ≤ 12 mg/dl Protein
n = 22 (28,94%) ≥ 25 mg/dl Protein

[POP 78/80]

<u>Tab. 21</u>

Beziehung Teststreifen-Nachweis von Protein und
der Messung nach Folin-Lowry im 50-fach konzentrierten Urin bei Probanden mit normalen Muster
der Harnproteine

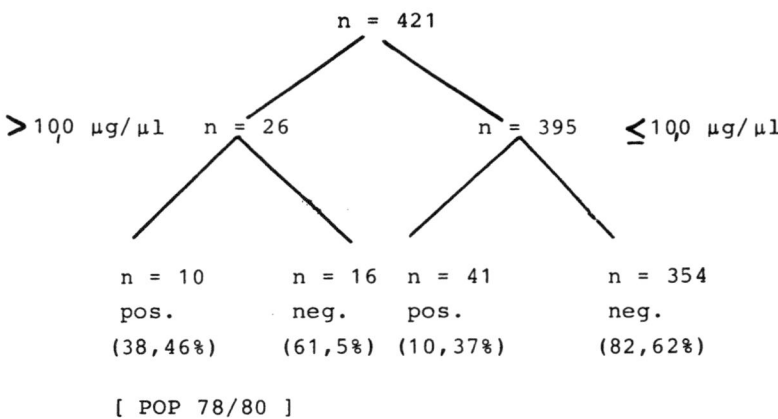

[POP 78/80]

<u>Tab. 22</u>

Gramnegative Bakteriurie bezogen auf
die Geschlechtsverteilung

fehlende Angabe   n = 2

Keime / ml	männlich	weiblich	n =	%	
steril	506	396	902	85,7	
10^3	15	58	73	6,9	
10^4	9	22	31	2,9	80/119-67%
10^5	7	14	21	2,0	
10^6	0	13	13	1,2	
10^7	0	12	12	1,1	
n =	537	515	1052		
%	51,0	49,0	100,0		

[POP 78/80]

Tab. 23

Häufigkeit gramnegativer Bakteriurie
bezogen auf das Geschlecht

	n =	Bakteriurie
männlich	537	31 (5,77%)
weiblich	515	119 (23,1%)

[POP 78/80]

Tab. 24

Beziehung zwischen Dysurie (Anamnese)
und Erythrozyturie (≥ 10 Ery/µl)

n = 1041   keine Angabe n = 13

Erythrozyturie	Dysurie ja	nein
ja	24 2,31%	52 5,00%
nein	218 20,94%	747 71,75%
	242 23,25%	799 76,75%

[POP 78/80]

Tab. 25

Beziehung zwischen dysurischen Beschwerden
(Anamnese) und Proteinurie im Teststreifen
≥ 25 mg/dl

n = 1041   keine Angabe n = 13

Proteinurie	Dysurie ja	nein
ja	42 (4,03%)	147 (14,12%)
nein	200 (19,21%)	652 (62,63%)
	242 (23,24%)	799 (76,75%)

[POP 78/80]

Tab. 26

Proteinmuster bei Probanden mit Anamnese
einer Dysurie

n = 240 ; 23,25 % / 1032

	n =	%
Glomeruläre Läsion	58	24,16
Tubulusläsion	39	16,25
unklar	28	11,66
normales Muster	115	47,91

[POP 78/80]

Tab. 27

Proteinmuster im Urin bei Probanden
ohne dysurische Beschwerden

n = 792 ; 76,7 % / 1032

	n =	%
Glomeruläre Läsion	272	34,34
Tubulusläsion	133	16,79
unklar	83	10,47
normales Muster	304	38,38

[POP 78/80]

Tab. 28

Beziehung zwischen anamnestischen Hinweisen
auf Fluor vaginalis und gramnegativer
Bakteriurie

n = 84; 8,05 % / 1043
keine Angabe   n = 11

Keime / ml	Ausfluß	
	n =	%
steril	59	70,2
10^3-10^4	15	17,9
10^5-10^7	10	12,0

[POP 78/80]

Tab. 29

Beziehung zwischen Fluor vaginalis
und Dysurie in der Anamnese

n = 84 ; 7,96 % / 1054

Ausfluß	Dysurie	
	ja	nein
ja	24	60
%	28,6	71,4

[POP 78/80]

Tab. 30

Beziehung zwischen Fluor vaginalis (Anamnese)
und dem Harnproteinmuster (PAGE)

n = 84 / 1043

PAGE : normales Muster   - 47,6 %
       patholog. Muster - 43,0 %
       glom. Läsion   - 25,1 %
       tubul. Läsion
       oder andere   - 17,9 %

[POP 78/80]

Tab. 31

Anamnestische Angaben über regelmäßige
Schmerzmitteleinnahme bezogen auf das
Urinproteinmuster

Keine Angabe n = 33

Proteinmuster	Analgetika		n =	% Abuser	
	ja	nein			
Norm. Protein-Muster	45	366	411	48,38	
Glomeruläre Läsion	14	168	182	15,05	
Tubulus - Läsion	11	104	115	11,80	
Postgl. Entzündung	7	50	57	7,52	22,50
Überlauf-Proteinurie	1	3	4	1,07	
Postrenale Entzündung	1	39	40	1,07	
Tubulus u. glom. Läsion	7	140	147	7,52	
nicht ablesbar	7	58	65	7,52	
[POP 78/80]	93 9,1 %	928 90,9 %	1021		

Tab. 32

Nierenschäden bei Probanden mit
Analgetikaabusus

n = 93

Glomer. Läsion   n = 21 (22,50 %)
Tubulusläsion   n = 18 (19,35 %)

[POP 78/80]

<u>Tab. 33</u>

LITERATURVERZEICHNIS
==

1. Asscher,A.W.,   Natural history of asymptomatic
    Chick,S.,   bacteriuria in non-pregnant
    Radford,N.,   women.
    Waters,W.E.,   In: Urinary tract infection
    Sussman,M.,   ed. Brumfitt, W., Asscher,A.W.
    Evans,J.S.,   London University Press 1973, 51
    Mc Lachlan,M.S.F.,
    Williams,J.E.:

2. Asscher,A.W.,   Screening for asymptomatic
    Mc Lachlan, M.S.F., urinary tract infection in
    Verrier-Jones,E.R., school-girls
    Meller,S.,
    Sussman,M.,   Lancet $\underline{2}$ (1973) 1.
    Harrison,S.,
    Johnston,H.H.,
    Sleight,G.,
    Fletcher,E.W.:

3. Bock,K.D.,   Chronische interstitielle Nephritis
    Nitzsche,T.,   bei langjährigem Gebrauch phenaze-
    Messer,B.:   tinhaltiger Asthmapulver.

                         Dtsch.Med.Wschr. $\underline{98}$ (1973) 2234

4. Bock,K.D.,   Analgesic nephropathy-symptomatology
    Nitzsche,T.:   and clinical course.

                         In: Losse/Asscher/Lison
                         Vol. $\underline{4}$ (1980) Thieme-Verlag(im Druck)

5. Boesken,W.H.:   Molekulargewichtsbezogene Analyse
                         der Proteinurie als Beitrag zur
                         Diagnose renaler Erkrankungen.

                         Med. Klin. $\underline{71}$ (1976) 11, 444

6. Boesken,W.H.,   Zur Pathogenese und Klinik der
    Kluthe,R.,   Proteinurie
    Müller,H.,
    Schollmeyer,P.:   Nieren- und Hochdruckkrankheiten 5
                         1973, 183

7. Boesken,W.H.,   Differentiation of proteinuric
    Kopf,K.,   diseases by discelectrophoretic
    Schollmeyer,P.:   molecular weight analysis of
                         urinary proteins.

                         Clin.Nephrol. Vol.1, 5(1973) 311

8. Dubach, U.C.: Toxisch bedingte insterstitielle Nephritiden.
Verh. Dtsch.Ges.Inn.Med.86 Tagung 1980 (im Druck)

9. Freedmann, L.R.,
Phair, J.P.,
Seki, M.,
Hamilton, H.B.,
Nefzger, M.D.:
The epidemiology of urinary tract infections in Hiroshima
Yale J.Biol.Med. 37 (1965), 262

10. Fuchs, T.: Pyelonephritis. Diagnostik und Therapie.
Studienreihe Boehringer Mannheim 1969

11. Fuchs, T.,
Becker, V.,
Gillmann, H.,
Gutensohn, G.,
Hörnstein, F.,
Immich, H.,
Orth, H.F.,
Schmidt, F.,
Thiess, A.,
Wagner, G.:
Nephrologische Ergebnisse einer kombinierten Feld- und Kontrollstudie auf Nierenkrankheiten und Diabetes mellitus in einem chemischen Großbetrieb (n= 33.356).
In: Losse, H., Kienitz, M. Pyelonephritis, Bd. III 205, Thieme Verlag 1972

12. Kunin, C.M.,
Deutscher, R.,
Paquin, A.:
Urinary tract infection in schoolchildren: an epidemiologic, clinical and laboratory study.
Medicine 43 (1964), 91.

13. Kunin, C.M.,
Mc Cormack, R.C.:
An epidemiologic study of bacteriuria and blood-pressure among men and working women.
N.Engl.J.Med. 278 (1968), 635

14. Lison, A.E.,
Seibt, H.,
Losse, H.:
Häufigkeit, Alter und Geschlechtsverteilung der Bakteriurie.
Med. Welt 26 (1975), 1726.

15. Lison, A.E.,
Asscher, A.W.,
Davies, M.,
Hopkins, M,
Fifield, R.,
Elwood, P.C.:
Häufigkeit niedermolekularer Proteinurie
Verh.Dtsch.Ges.Inn.Med. 83. Tagung 1977, 1262

16. Lison,A.E., Korte,R., Deutsch,H., Herold,V.:

Diagnose von Nierenkrankheiten mit Hilfe der molekulargewichtsbezogenen Proteinanalyse im Urin.

Med.Welt 17, (1980), 627

17. Winberg,J., Andersen,H.J., Bergström,T., Jacobsson,B., Larson,H., Lincoln,K.:

Epidemiology of symptomatic urinary tract infection in childhood.

Acta Paediatr.Scand. 252 (1974)

18. Winberg,J., Bergström,T., Jacobsson,B.:

Morbidity, age and sex distribution, recurrences and renal scarring in symptomatic urinary tract infection in childhood.

Kidney Intern. 8 (1975), 101

19. Zumkley,H.:

Bakteriurie bei scheinbar gesunden Schulkindern und Erwachsenen.

Med. Welt 25 (1974), 1683

If you have any concerns about our products,
you can contact us on
ProductSafety@springernature.com

In case Publisher is established outside the EU,
the EU authorized representative is:
**Springer Nature Customer Service Center GmbH
Europaplatz 3, 69115 Heidelberg, Germany**

Printed by Libri Plureos GmbH
in Hamburg, Germany